Eseleien

Gabriele Boiselle (Hrsg.)

Müller Rüschlikon

Einbandgestaltung: Kornelia Erlewein

Titelbild: Gabriele Boiselle

Archiv Boiselle: Gabriele Boiselle, Christiane Slawik, Marielle Andersson-Gueye, Karin Boldt, Ulla Rafail, Ute & Jürgen Schimmelpfennig

ISBN 978-3-275-01872-7

Postfach 103743, 70032 Stuttgart
Ein Unternehmen der Paul Pietsch Verlage GmbH & Co. KG
Lizenznehmer der Bucheli Verlags AG, Baarerstr. 43, CH-6304 Zug

1. Auflage 2012

Sie finden uns im Internet unter www.mueller-rueschlikon-verlag.de

Lektorat: Claudia König
Innengestaltung: Kornelia Erlewein
Druck und Bindung: LEGO s.p.A., 36100 Vicenza
Printed in Italy

Hurra, es ist ein Esel!

Esel zählen zu den ältesten Haustieren der Menschen. Sie waren über Jahrtausende treue Helfer bei der täglichen Arbeit und teilten stets Mühsal und Freuden ihrer Besitzer. Durch die Maschinisierung wurden sie allmählich überflüssig und verschwanden aus dem Landschaftsbild. Mit ihrem Verschwinden ging auch die Rassenvielfalt der Esel verloren. Die netten Langohren erleben heute vor allem in Europa eine Renaissance – die Zahl ihrer Liebhaber wächst stetig. Wer sich einmal in die liebenswerten Grautiere verliebt hat, wird sich ihrem Charme nur schwer wieder entziehen können.

Kleine *Esel* sind faszinierend ...

Was liegt denn da im Gras? Ein neugeborenes Eselfohlen!
Was sind denn das für lange Ohren? Die fallen ja immer wieder zur Seite! Was sind denn das für lange Beinchen? Die sind ja noch ganz »zusammengefaltet«! Was für eine schöne milchige Nase und so zart.
Das Fell des neugeborenen Eselfohlens ist noch ganz nass und wird von der Mama trockengeleckt. Schnell die Augen wieder zumachen und das Öhrchen fallen lassen – Schlafenszeit.

Viel und vor allem lange schlafen ... das ist wichtig für die Entwicklung eines Eselfohlens. Der kleine Poitou hält sich daran und schlummert auf der Blumenwiese glücklich vor sich hin. Er wurde mit einem kuscheligen Fell geboren, das nun langsam zu langen Zotteln wachsen wird.

Bild links: Einen warmen Stein, auf dem man sich ausruhen kann, findet man in Irland überall.

Bild rechts: Es ist gar nicht so einfach für ein Eselfohlen, beim Kratzen genau die richtige Stelle zu treffen, an der es juckt.

Mama ist einfach die Allerbeste!

Das denkt sich dieses kleine Eselchen bestimmt auch.

Eselmütter kümmern sich sehr liebevoll und mit großer Sorgfalt um ihren Nachwuchs. Sie schützen und verteidigen ihre Fohlen vehement, daher sollte man in der Nähe einer Eselmutter eher vorsichtig sein und Abstand halten. Aus diesem kleinen Kerlchen wird einmal ein stattlicher Vertreter seiner Rasse. Poitou-Esel erreichen ein Stockmaß zwischen 1,35 und 1,55 m und werden oft über 400 kg schwer.

Echte Mutterliebe! Am Anfang bleiben die kleinen Esel noch dicht bei ihren Müttern. Nach etwa drei Wochen beginnen sie, sich für ihre Umwelt zu interessieren und mit anderen Fohlen zu spielen. Das ausgelassene Toben ist wichtig für die gesunde Entwicklung der Eselkinder.

Bei diesem Andalusischen Riesenesel-Fohlen kann man noch nicht sagen, ob es einmal dunkel bleiben oder die Farbe der Mutter annehmen wird.

Am auffälligsten sind die Ohren der Grautiere. Der Hörsinn ist für Esel sehr wichtig! Alles, was in ihrer Umgebung passiert, wird von ihnen über das Hören wahrgenommen. Sie können ihre Lauscher um 180 Grad drehen und einzeln justieren. Mit einem Ohr ist diese Eselmama bei ihrem Fohlen, mit dem anderen bei der Gruppe. Das Ohrenspiel sagt viel über die Gemütslage eines Esels aus.

Diese Esel wurden in der Provence aufgenommen. Die freundlichen Grauen sind dort vielerorts anzutreffen. Früher trugen sie die Lasten der Hirten und begleiteten die Schafe zu den Weideplätzen. Heute erfreuen Esel vor allem Touristen auf Wandertouren beim sogenannten Eseltrekking.

Eselstute mit Fohlen auf der afrikanischen Insel Lamu vor der Küste Kenias.

Auch auf Sardinien waren Esel in der Vergangenheit weit verbreitet und wichtige Nutztiere der Landbevölkerung.

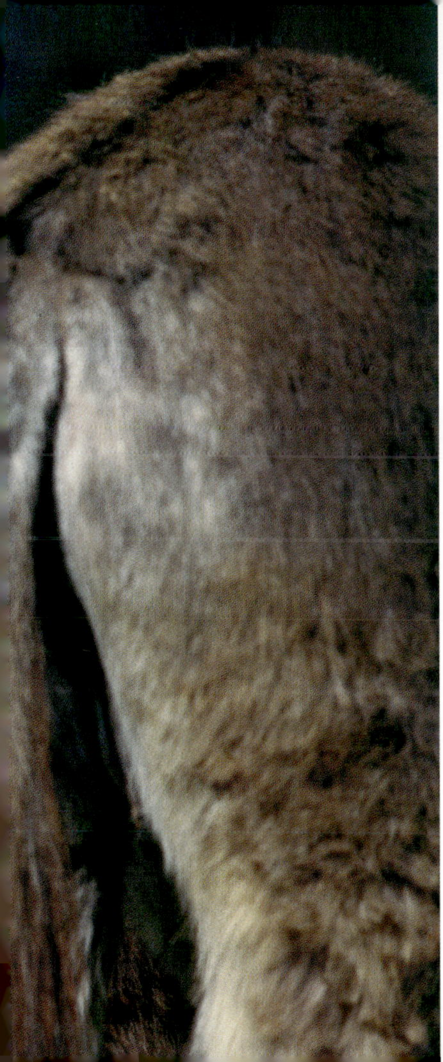

Schwarz umpinselte Ohren, kuscheliges Fell und ein Milch-mäulchen – das kann nur ein waschechtes Eselkind sein.

Auf Kreta, Sizilien oder Sardinien trifft man immer wieder auf herrenlose Esel. Doch der Eindruck täuscht, alle haben ihr Zuhause und kehren abends zu ihren Schlafplätzen zurück.

Der schwarze Strich über der Schulter, der sich mit dem Aalstrich entlang des Rückens kreuzt, ist das typische Erkennungsmerkmal eines Esels.

Ganz dicht bei der Mama fühlen sich die kleinen Fohlen gut aufgehoben. Der Geruch der Stuten und ihr spezifischer Ruf sind wichtige Erkennungsmerkmale für die Kleinen, wenn sie zu ihren Müttern zurückfinden wollen.

Die kleinen Hufe eines Fohlens sind bei der Geburt sehr weich und wie Blüten geschlossen. Sie öffnen sich in den ersten Lebensstunden und härten langsam aus, sodass das Fohlen auf ihnen stehen kann. Eselchen fällt es anfangs gar nicht so leicht, sich auf ihren langen, dünnen Beinchen zu halten.

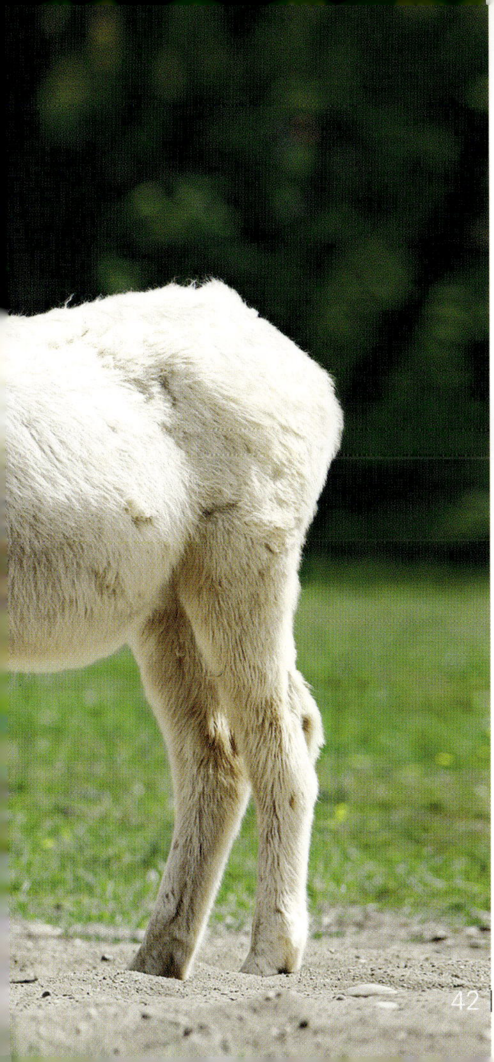

Diese cremefarbenen Esel, auch Barockesel genannt, sind eine besondere Züchtung. Es gibt heute nur noch wenige Exemplare dieser Rasse. Weiße Pferde galten im Zeitalter des Barocks als Lichtbringer und standen für das Gute. Diese Esel sind sehr sonnenempfindlich, vor allem im Bereich ihrer Nüstern. Weitere Merkmale sind der fehlende Aalstrich sowie die hellblauen Augen. Man trifft Barockesel beispielsweise im Nationalpark Neusiedler See in Österreich.

Es kann nicht mehr lange dauern, bis ein kleines Eselchen das Licht der Welt erblicken wird. Der dicke, »ausgebeulte« Bauch der Eselstute ist gut zu erkennen. In dieser Phase der Trächtigkeit ist Ruhe angesagt. Die Stute genießt die warmen Sonnenstrahlen und bewegt sich nur noch wenig.

Der Katalanische Riesenesel stammt aus Spanien und gehört mit einem Stockmaß von etwa 1,40 m zu den größten Eselrassen. Seine Heimat liegt in den Ausläufern der Pyrenäen. Seine Markenzeichen sind das dunkelbraune Fell, der helle Unterbauch, das Mehlmaul und die helle Zeichnung um die Augen.

Mit diesen »Puscheltieren« möchte man nur noch kuscheln. Doch Vorsicht: Die kleinen Poitou-Esel haben ihren eigenen Kopf und raufen auch gerne untereinander. So ein Baum ist natürlich toll, um sich mal das dichte Fell so richtig durchzurubbeln.

Gut aufgehoben

In der Herde

... da fühlen sich die Esel geborgen und sicher. Esel sind sehr gesellige Tiere und leben gerne in Gruppen zusammen. Eselfohlen können in solch einer Herde prächtig heranwachsen. Manchmal kommt auch Bewegung in die Bande und die Tiere galoppieren fröhlich über die Weide. Doch das ist ein eher seltener Anblick, denn Esel mögen's gemütlich.

Köpfe zusammenstecken, einen netten Plausch halten und fressen – das gefällt allen Eseln. In einer Herde können durchaus ein paar genüsslich fressen, einer entspannt vor sich hindösen, so lange ein anderer den »Wachdienst« übernimmt. Dieser hübsche Kerl mit seinem weißen Gesicht und den gespitzten Lauschern passt genau auf, was in der Umgebung passiert.

Wie einstudiert! Wenn vier Esel so dicht an dicht dahintraben, muss etwas im Busch sein. Auslöser des »Eselalarms« war ein Hund, der kläffend über die Weide gerannt kam. Köpfe hoch, Ohren in Hab-Acht-Stellung und dicht beisammenbleiben lautete das Kommando ... Der Spuk war schnell vorbei und in null Komma nichts trotteten die Vier wieder gemächlich jeder für sich über die Weide.

Auf Sardinien trifft man auf viele Esel, einige davon leben wild in den Bergen der Giara, im Herzen der Insel. Zusammen mit sardischen Ponys klettern sie über die steilen Berge und erleben auch kalte Winter mit Schnee und pfeifenden Stürmen. Scheu halten sie Abstand zu den Menschen.

Esel pflegen ihre Freundschaften, oft bleiben sie ein Leben lang zusammen. Dabei kommt es ihnen bei der Wahl ihres Gefährten nicht auf Rasse oder Fellfarbe an. Sie sind loyal in ihren Beziehungen, so wie diese Mazedonischen Zwergesel.

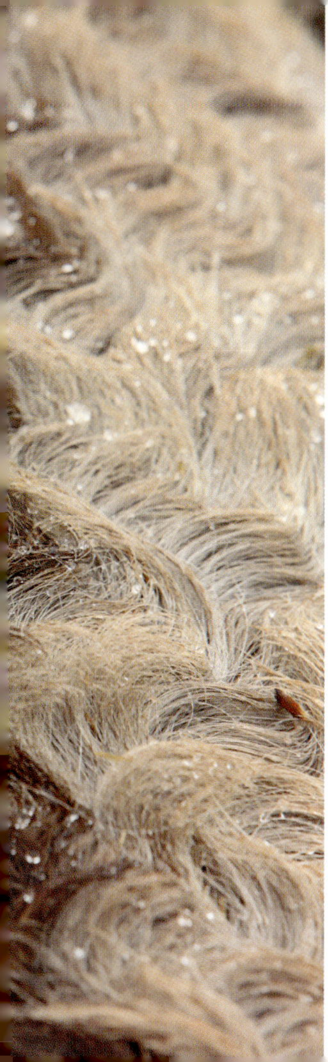

Wer einmal seine Finger im Fell verschiedener Esel vergraben hat, spürt sehr schnell, wie unterschiedlich ihre Haarstruktur ist: Die Palette reicht von seidenglatt bis struppig verfilzt. Genau wie Pferde, mit denen sie oft zusammen gehalten werden, hier auf einem Olivenhang in der Toskana, wechseln sie Sommer- und Winterfell und passen sich so den Temperaturen an.

Eselohr ist nicht gleich Eselohr: Es gibt lange spitze, kurze ovale oder breite schmale Ohren.
Manche haben innen helle Puschel und außen herum einen schwarzen Rand, bei anderen ist es genau umgekehrt. Es gibt sogar Eselohren mit kleinen Quasten an ihren Spitzen.
Ja, man muss schon genau hinschauen!

Diese portugiesischen Esel leben auf dem Staatsgestüt Alter Real do Chão in Portugal und werden Miranda Esel genannt, eine sehr seltene Eselrasse mit kleiner Population. Das Staatsgestüt hat sich zur Aufgabe gemacht, diese Rasse zu erhalten.

Juhu, ist das Leben schön. Eselfohlen haben anfangs nur Flausen im Kopf und lieben es, ausgelassen mit ihren Kumpeln um die Wette zu rennen. Eselfohlen sollten keinesfalls in Boxen gehalten werden, denn das wäre schädlich für die Entwicklung ihrer Knochen, Gelenke und Sehnen. Für die kleinen Grauen ist das Zusammensein mit anderen Eseln und gleichaltrigen Spielkameraden auch zur Entwicklung ihres Sozialverhaltens unerlässlich.

Im Westen Irlands, auf der Halbinsel Connemara, leben die Grautiere in einer wilden, unsagbar schönen Landschaft. Dramatische Wolkenbilder schweben über der von ewigen Winden zerzausten Bühne ihres Dasein. Früher wurden die Esel für die schwere Arbeit herangezogen, heute genießen sie beschaulich ihr Leben.

Nicht alle Esel ...

Auch ein schöner
Rücken kann entzücken ...

… *sind grau*

Esel sind nicht immer grau, ihre Fellfarben variieren von Weiß über verschiedene Grautöne bis Schwarz. Je nachdem, in welchem Klima die Esel leben, haben sie langes oder kürzeres Fell. Esel haben sich über die Jahrhunderte ihrer Umgebung bestens angepasst. Ihre Vorfahren kamen aus Afrika und fanden dann über Spanien und Italien bis in den Norden Europas ihre Verbreitung. Bei einigen Eseln erkennt man noch die Zeichnungen ihrer Ahnen, die Streifen an den Beinen. Bei den gescheckten Eseln findet man diese Streifen nicht mehr.

American Mammoth Jackstock ist die größte Eselrasse der Welt. Diese Esel wurden in Amerika vor allem auf Größe gezüchtet und als Packtiere eingesetzt. Noch heute kann man sich von ihnen sicher bis zur Talsohle des Grand Canyons tragen lassen. Sie gelten als stark, mutig und unverwüstlich. Diese Riesenesel kommen in verschiedenen Fellfarben vor.

»Lass uns chillen ...«

Esel mögen es gemütlich. Sie lieben es, einfach mal ein Weilchen nur friedlich beisammenzustehen.

Vor vielen Jahren waren die Irischen Esel noch hart arbeitende Farmtiere. Sie halfen bei der Feldarbeit und trugen die Lasten der Bauern. Heute trifft man sie in der irischen Tourismusbranche an. Sie sind die Stars beim sogenannten Eselwandern und vor allem beliebt bei Familien.

Eselbesitzer vergessen manchmal, dass man die Langohren auch erziehen muss. Was oftmals gar nicht so einfach ist ... Schon früh sollte ein Esel mit dem Tragen eines Halfters vertraut gemacht werden.

Achtung, auch Esel brechen gerne mal aus und begeben sich auf Entdeckungsreise. Sie sind neugierig und gar nicht scheu, wenn es darum geht, Dummheiten zu machen.

»Hey, ich kann Dich gut riechen.«

Zur Begrüßung beschnuppern sich Esel erst einmal ausgiebig. Die Langohren haben einen gut ausgebildeten Geruchssinn.

Die liebenswerten Grauen sind zwar keine Einzelgänger, aber auch keine ausgesprochenen Herdentiere.

Bei den Eseln wählen übrigens die Stuten ihre Partner.

Der Katalanische Esel ist unter den Rieseneseln wohl der Bekannteste. Mit der schwindenden Bedeutung der Esel in der Landwirtschaft ging ihr Bestand stark zurück. Man geht heute von rund 500 Exemplaren aus. Im Sommer ist das Fell des Katalans kurz und schwarz, mit Ausnahme von weißen Bereichen am Bauch sowie um Maul und Augen. Sein Winterfell ist deutlich länger und dunkelbraun.

Bitte nicht stören! Dieses Schild sieht man bei diesem Kerlchen förmlich zwischen den Ohren hängen. Diesem Barockesel sollte man sein Mittagsschläfchen ruhig gönnen.

Beste Freunde

Esel halten zusammen, das ist klar. Doch auch Menschen können das Vertrauen eines Esels gewinnen. Die Langohren sind von Natur aus freundlich und sehr menschenbezogen.

Esel sind echte Clowns und für Quatsch immer zu haben! Sie mögen es aber auch ruhig und genießen ihre Streicheleinheiten. Wenn sie dabei ihren schweren Kopf ihrem Menschen auf die Schulter legen dürfen, sind sie glücklich.

Kinder lieben Esel. Die gutmütigen Grautiere zeigen sich im Zusammensein mit ihnen in der Regel recht geduldig. Was gute Worte und Schelte von den Eltern nicht bewirken, das können Esel ganz leicht erreichen: Kinder werden ruhig und hören zu, erspüren und erfahren ganz intuitiv, wie man mit den Langohren umgehen muss, denn die sind bei weitem nicht so störrisch, wie man ihnen nachsagt, sondern sehr klug.

Die Mazedonischen Zwergesel haben eine uralte Geschichte. Auf den steilen Bergpfaden ihrer Heimat konnte man keine großen, ungelenken Tiere gebrauchen, daher züchtete man diese Miniaturausgabe zum Transport der Lasten, die sogar eigenständig ihren Weg zurück zu den Höfen fanden.

Asiatische Wildesel, je nach Region auch Onager oder Kulan genant, sieht man heute häufiger in Zoos oder Wildparks. Da sie viele pferdeartige Merkmale aufweisen, werden sie auch Halbesel oder Pferdeesel genannt. Asiatische Esel sind größer als Hausesel, haben auffallend kurze Ohren, kaum Mähne und recht breite Hufe. Versuche, diese Wildesel-Rasse zu domestizieren, sind gescheitert.

Auf Sizilien war der Esel noch weit ins 21. Jahrhundert das gängigste Arbeitstier der Bauern. Die fleißigen Grauen trugen die Frucht vom Acker nach Hause oder man ritt auf ihnen zum Markt. Heute sieht man sie beispielsweise in dörflichen Gegenden vor bunt bemalten Holzkarren, die für den Hochzeitszug benutzt werden.

Ungleiche Freunde! Dass sich Pferd und Esel so gut verstehen, ist eher selten. Der tunesische Araberhengst hat in diesem Esel einen Spielge--fährten gefunden, der mit ihm ausgelassen um die Wette rennt.

Wir sind uns sympathisch! Esel-Freundschaft drückt sich besonders in der Fellpflege aus, denn die Grauen wählen sehr genau aus, von wem sie sich ihr Fell rupfen lassen. Diese beiden Korsischen Esel sind mit großer Hingabe bei der Sache.

Schmusen ist so schön ...

Diese Beiden lieben es, ihre Köpfe aneinanderzureiben.

Spiel oder Ernst? Manchmal ist die Grenze fließend. Im Spiel zeigen Esel ihr gesamtes Repertoire an Techniken und beißen schon mal ordentlich zu. Esel-Hengste kämpfen vor allem während der Paarung um ihre Partnerin und wissen ihr Revier mit allen Mitteln zu verteidigen.

»Ich mag dich und kratze dir gerne deinen Rücken!«
Soziale Fellpflege ist sehr wichtig für den Zusammenhalt in der Gruppe.

Unzertrennlich! Das Schimmel-Eselchen und seine Poitou-Freundin »Madame« machen stets alles zusammen.

Immer hungrig?

Sind Esel Allesfresser?

Weit gefehlt! Esel sind außerordentliche Feinschmecker, die genau wissen, wo die besten Kräuter stehen und was wirklich schmeckt. Doch sie sind auch wahre Überlebenskünstler und kommen mit wenig aus.

Kuscheliger Winterpelz!

In der kalten Jahreszeit schützt ein dickes Winterfell das Langohr, sodass ihm Eis und Schnee nichts anhaben können. Neugierig betastet dieser Esel mit Maul und Lippen das letzte Grün auf der Weide, immer auf der Suche nach etwas Fressbarem.

Esel sind auf Fressen programmiert, verbrachten doch schon ihre wilden Vorfahren einen großen Teil des Tages mit der Nahrungsaufnahme. Gutes Heu ist das Grundnahrungsmittel für die genügsamen Grauen, aber leckeres Gras darf natürlich auf dem Speiseplan von Zeit zu Zeit nicht fehlen.

Baumrinde, lecker!

Esel lieben es, an Hölzern herumzuknabbern, aus diesem Grund sollte ungiftiges Holz regelmäßig als Zusatzfutter auf ihrer Speisekarte stehen. Es eignen sich Hölzer wie Birke, Kirsche oder Pflaume. Apfelholz wird von den Langohren allerdings nicht angerührt.

Auf der anderen Seite des Zauns schmeckt's immer besser ...

Die meisten Eselrassen haben ein Milchmaul mit leichtem Flaum auf den Nüstern, ganz weich und sehr delikat. Esel können überaus zärtlich »küssen«. Zärtlichkeiten tauschen Esel allerdings nur mit Menschen aus, die ihnen sympathisch sind und deren Geruch sie mögen. Wenn das Mäulchen dann so nass ist, wie dieses hier, dann kann der Kuss ganz schön feucht sein.

Esel würden sich kaputt lachen, wenn sie von all den Vorurteilen wüssten, die Menschen ihnen gegenüber haben. Sie sind als dumm, stur und lahm verschrien und ihr Name wird sogar als Schimpfwort benutzt.
Wer mit Eseln zu tun hat, weiß, dass da nichts Wahres dran ist. Sie sind hingegen klug und sensibel, doch sie verbergen es oftmals hinter einem tiefgründigen Blick. Es dauert etwas, bis ein Esel einem Menschen vertraut, doch hat man sein Vertrauen gewonnen, so hält die Freundschaft ein Leben lang.

1401141

Ein Eselchen lernt schnell und leicht! Dieses kleine Langohr lebt auf der afrikanischen Insel Lamu. Hier gehören Esel seit Jahrhunderten zum Landschaftsbild und sind noch heute das Hauptverkehrsmittel. Die vielen Gassen der Insel sind so schmal, dass keine Autos durchpassen würden. Alle Güter werden daher auf Eseln transportiert. Kein Wunder, dass man auf Lamu die Langohren gut behandelt. Bereits die Fohlen werden in das tägliche Leben mit einbezogen.

Pssst, bitte nicht stören, Siesta!
Nach dem Essen ist ein Verdauungsschläfchen angesagt, dieser Meinung sind auch diese Poitou-Esel, die dösend auf der Weide stehen. Da sollte man besser nicht stören.

In früheren Zeiten waren Esel in Irland allgegenwärtig. Inzwischen sieht man auf den grünen Wiesen nur noch wenige Grautiere. Sie sind Überbleibsel einer archaischen Vergangenheit und heute eher Dekoration als Arbeitstier.

Verwilderte Hausesel trifft man in vielen Regionen der Welt an. Im Südwesten der USA leben etwa 5000 davon, die sogenannten Burros (spanisch für »Esel«). Die Burros in den Spring Mountains haben sich inzwischen so vermehrt, dass sie genau wie Mustangs von den Rinderfarmern verfolgt werden. Daher ziehen sie sich immer weiter in karges Gelände zurück.

Lustige Eseleien

»Wenn du schon Quatsch machst, dann nur mit mir gemeinsam ...«, scheint Esel-Dame Pipetta Clown Cheppo zuzuflüstern.

Esel sind keineswegs dumm, sondern sehr gelehrig und für Zirkustricks immer zu haben. Pipetta liebt es geradezu, ihre Kunststücke vorzuführen.

Mit dem richtigen Händchen und ausreichend Leckerlis kann man mit den fröhlichen Langohren ein kunterbuntes Schauprogramm erarbeiten.

Eselgrimassen!

Unter den Eseln gibt es manch' sonderbares Exemplar ... Wie diesen »BMW-Esel«, ein ganz exquisites und schnelles Modell.

»Über solch einen Quatsch
können wir nur laut lachen – I-AH!«

Verspielt und ausgelassen!

Unerschrocken und gelassen!

Esel bei der Arbeit

Kein anderes Lebewesen hat dem Menschen so bedingungslos gedient wie der Esel. Millionen von Grautieren von Südafrika bis Asien und Europa, Amerika und Australien taten ihre Arbeit. Heute gibt es nur noch wenige Arbeitsesel in den Dritte-Welt-Ländern und einige »Luxusesel« in Europa. Es ist immer wieder überraschend, was Esel so alles leisten. Das Grautier vor diesem Wagen ist ein Ungarischer Parlagesel. Seine Geschichte reicht bis zu Beginn unserer Zeitrechnung zurück. Er diente der ärmeren Bevölkerung, wurde aber auch auf Gutshöfen zur Arbeit eingesetzt.

Esel machen sowohl vor der Kutsche als auch unter dem Sattel eine gute Figur.

Im letzten Jahrhundert fand man diese Wägelchen vielerorts auf den Straßen und Wegen Irlands. Mit ihnen fuhr man zu den Nachbarn oder lieferte die Milch aus.

Ganz modern!
Dieser Zwergesel zieht einen leichten Marathonwagen. Auch solch' kurze Beinchen können einen schnell von A nach B bringen.

In Syrien ist es nicht ungewöhnlich, dass ein Esel die Schafe hütet. Wenn Gefahr im Verzug ist, bricht der Graue in lautes Schreien aus und vertreibt damit mögliche Angreifer. Die Schafe scharen sich vertrauensvoll um ihren wachsamen Begleiter und sind sich sicher, dass er sie abends wohlbehalten wieder zum Lager zurückbringt.

Dieser Reitesel im »Sonntagskleid« trägt Touristen durch die antike Felsenstadt Petra in Jordanien. Durch ihn verdient sich sein Besitzer seinen Lebensunterhalt.

Esel weltweit

In allen Ecken und Winkeln der Welt trifft man Esel. Diese Wildesel-Herde ist am Stand von Lamu unterwegs.

Geduld ist ihre Stärke und Warten ihr Los ...

Im Königreich Lesotho, einer Enklave Südafrikas, gehören Esel auch heute noch zu den klassischen Fortbewegungsmitteln. Sie transportieren die Lasten über die schmalen Gebirgspfade von Dorf zu Dorf. Auf Esel trifft man vor jeder Rundhütte, sie werden vor allem von den Frauen und Mädchen versorgt.

Knuffige Zotteltiere!
Poitou-Esel gehören zu den Großeselrassen. Sie wurden nach dem Gebiet Poitou im Westen Frankreichs benannt. Hengste haben ein Stockmaß von 1,40 bis 1,50 m, die Stuten sind etwas kleiner. Man erkennt sie an ihrem langen, zottigen Fell. Heute begegnet man den Poitous vor allem in Zoos oder Tierparks.

Bild rechts: Dieser stattliche Pyrenäenesel wurde im Nationalgestüt Pau-Gélos in Frankreich fotografiert. Die Gründung des Gestütes geht auf Napoléon Bonaparte zurück. Die Stallungen mit rund 100 Boxen stammen aus dem 19. Jahrhundert.

Esel gibt es auf Korsika seit Menschengedenken. Einst wurden sie vor allem in der Landwirtschaft eingesetzt und fristeten als fleißige Helfer der Bauern ihr Dasein. Heute sind Esel beliebte Begleiter bei Trekkingtouren durch die abwechslungsreiche Landschaft der Insel.

Echte Exoten!

Auf der kleinen italienischen Insel Asinara, vor Sardinien gelegen, findet man die weißen Asinara Esel. Diese kleinen Albinos, teilweise mit blauen Augen, gelten als Besonderheit auf Sardinien und werden dort noch heute gezüchtet.

Erst hören, dann schauen!
Der Hörsinn eines Esels ist außerordentlich gut ausgebildet. Wenn die neugierigen Grautiere ein Geräusch ganz besonders interessiert, richten sie ihre langen Lauscher starr nach vorne und schauen in die entsprechende Richtung. Abwarten heißt nun ihre Devise.

Kulturgut Esel!

Früher gab es einmal eine halbe Million Esel in Griechenland. Sie wurden vorrangig als Lasttiere eingesetzt und halfen in der Landwirtschaft. Das Aufkommen moderner Maschinen und Beförderungsmittel hat dazu geführt, dass ihre Anzahl über die Jahre schwand. Heute gibt es nur noch etwa 18.000 Tiere.

Korsika ist eine ganz besondere Insel, mit ihren über 2000 Meter hohen Berggipfeln und einer eigenwilligen, wilden Landschaft zieht sie ihre Besucher in ihren Bann. Auch Tierliebhaber kommen auf Korsika nicht zu kurz. Vielerorts trifft man auf die genügsamen Korsischen Esel.

Dieses Esel-Fohlen trägt den klangvollen Namen Balalaika und kam in der ägyptischen Touristenmetropole Hurghada zur Welt.

Die treuen Augen schauen einen an, die langen Ohren wackeln hin und her ... Esel sind den meisten vor allem aus Urlauben im Süden bekannt. Mit Hitze und Trockenheit kommen sie gut zurecht, auch im Futter sind sie anspruchslos.

Der Katalanische Riesenesel war früher ein unverzichtbares Nutztier in der Land- und Forstwirtschaft Spaniens. Er gilt als sehr arbeitsfreudig, temperamentvoll, ausdauernd und kräftig.

Für Amerikabesucher ist es ein echtes Erlebnis, wenn sie bei ihrem Trip durch die Wildnis auf die eher scheuen Wildesel stoßen. Dieses Trio ist in den Spring Mountains, Nevada, zu Hause.

Wie man sieht, wachsen mir selbst schon Eselsohren!

Seit meinem ersten Buch über Esel, bin ich fasziniert von diesen wunderbaren Geschöpfen. Ihre Ruhe, Gelassenheit und Sensibilität sind immer wieder beeindruckend. Erst nachdem ich mich intensiver mit den netten Langohren beschäftigt hatte, wurde mir klar, dass die Esel dieser Welt für die Menschen unersetzbare Partner und Lebensgefährten waren, solange es keine Maschinen gab. Ob als Trag-, Zug- oder Reittiere, es standen Millionen von ihnen im Dienst der Zivilisation. Keiner hat ihnen mal ein Denkmal gesetzt ... Möge dieses Büchlein dazu beitragen, den Langohren die Anerkennung und den Respekt wiederzugeben, den sie verdienen. Gerne möchte ich mich auch bei meinen Fotografenkollegen bedanken, die mit mir in diesem Büchlein vertreten sind und mit schönen Motiven zum Gelingen beigetragen haben. Vielleicht inspiriert es auch noch mehr Menschen, sich mit Eseln zu befassen oder sie einfach mal zu knuddeln.

gabriele Boiselle